四川省工程建设地方标准

民用建筑机械通风效果测试与评价标准

Standard of the Measurement and Evaluation for Efficiency of Civil Building Mechanical Ventilation

DBJ51/T 043 – 2015

主编单位：西 南 交 通 大 学
批准部门：四 川 省 住 房 和 城 乡 建 设 厅
施行日期：2 0 1 5 年 1 2 月 0 1 日

西南交通大学出版社

2015　成都

图书在版编目（CIP）数据

民用建筑机械通风效果测试与评价标准 / 西南交通大学主编. 一成都：西南交通大学出版社，2015.10
（四川省工程建设地方标准）
ISBN 978-7-5643-4353-8

Ⅰ. ①民… Ⅱ. ①西… Ⅲ. ①民用建筑－机械通风－效果－测试－评价标准－四川省 Ⅳ. ①TU83-65
中国版本图书馆CIP数据核字（2015）第250328号

四川省工程建设地方标准
民用建筑机械通风效果测试与评价标准
主编单位　西南交通大学

责 任 编 辑	胡晗欣
封 面 设 计	原谋书装
出 版 发 行	西南交通大学出版社
	（四川省成都市金牛区交大路146号）
发 行 部 电 话	028-87600564　028-87600533
邮 政 编 码	610031
网　　　　址	http://www.xnjdcbs.com
印　　　　刷	成都蜀通印务有限责任公司
成 品 尺 寸	140 mm × 203 mm
印　　　　张	2
字　　　　数	47千字
版　　　　次	2015年10月第1版
印　　　　次	2015年10月第1次
书　　　　号	ISBN 978-7-5643-4353-8
定　　　　价	24.00元

各地新华书店、建筑书店经销
图书如有印装质量问题　本社负责退换
版权所有　盗版必究　举报电话：028-87600562

关于发布四川省工程建设地方标准《民用建筑机械通风效果测试与评价标准》的通知

川建标发〔2015〕535号

各市州及扩权试点县住房城乡建设行政主管部门，各有关单位：

由西南交通大学主编的《民用建筑机械通风效果测试与评价标准》，已经我厅组织专家审查通过，现批准为四川省推荐性工程建设地方标准，编号为：DBJ51/T 043-2015，自2015年12月1日起在全省实施。

该标准由四川省住房和城乡建设厅负责管理，西南交通大学负责技术内容解释。

四川省住房和城乡建设厅
2015年7月23日

前 言

根据四川省住房和城乡建设厅《关于下达四川省工程建设地方标准〈民用建筑机械通风效果测试与评价标准〉编制计划的通知》(川建科〔2013〕79号)的要求,标准编制组经广泛调查研究,认真总结经验,参考有关国际标准和国外先进技术经验,并在广泛征求意见的基础上,制定了本标准。

本标准共分5章和2个附录,主要技术内容包括:总则、术语、基本规定、实测评价和模拟评价等。

本标准由四川省住房和城乡建设厅负责管理,由西南交通大学负责具体技术内容的解释。执行过程中如有意见和建议,请寄送西南交通大学机械工程学院(地址:四川省成都市金牛区二环路北一段111号;邮政编码:610031;邮箱:ypyuan@home.swjtu.edu.cn)。

本标准主编单位:西南交通大学
本标准参编单位:中国建筑西南设计研究院有限公司
中国建筑科学研究院
四川建筑职业技术学院
广东松下环境系统有限公司
宁波东大空调设备有限公司

本标准主要起草人员：袁艳平　孙亮亮　杨　玲　王智超
　　　　　　　　　　曹晓玲　毛　辉　余南阳　章佳荣
　　　　　　　　　　邵安春　董际鼎　李效禹　杨晓娇
　　　　　　　　　　王　帅　詹　凯　袁中原　杨英霞
本标准主要审查人员：戎向阳　龙恩深　徐斌斌　苏　华
　　　　　　　　　　邹秋生　罗　于　杨　婉

目　次

1 总　则 ·· 1
2 术　语 ·· 2
3 基本规定 ·· 4
　3.1 一般规定 ··· 4
　3.2 效果要求 ··· 5
4 实测评价 ·· 11
　4.1 评价内容 ··· 11
　4.2 换气次数 ··· 11
　4.3 室内新风量 ··· 13
　4.4 气流组织 ··· 17
　4.5 室内空气流速 ·· 17
　4.6 室内空气污染物浓度 ··· 18
　4.7 节能性 ··· 19
　4.8 主观感受 ··· 22
5 模拟评价 ·· 23
　5.1 评价内容 ··· 23
　5.2 模型试验 ··· 23
　5.3 数值模拟 ··· 24

附录A 调查问卷范例 ······················· 27
附录B 室外空气主要计算参数 ················· 28
本标准用词说明 ························· 31
引用标准名录 ·························· 33
附：条文说明 ·························· 35

Contents

1 General provisions ·· 1
2 Terms ·· 2
3 Basic requirement ·· 4
   3.1 General requirement ·· 4
   3.2 Effect requirement ·· 5
4 Measurement and evaluation for efficiency of mechanical ventilation ·· 11
   4.1 Measurement and evaluation contents ················ 11
   4.2 Air changes ··· 11
   4.3 Indoor fresh air volume ·································· 13
   4.4 Airflow field ·· 17
   4.5 Indoor airflow velocity ··································· 17
   4.6 Concentation of indoor pollutants ····················· 18
   4.7 Energy saving performance of ventilating facilities ··· 19
   4.8 Subjective feelings of ventilation ······················ 22
5 Simulation and evaluation for efficiency of mechanical ventilation ·· 23
   5.1 Simulation and evaluation contents ·················· 23
   5.2 Modeling experiment ···································· 23
   5.3 CFD simulation ··· 24

Appendix A Example of questionnaire ·················· 27
Appendix B Main outdoor air design conditions ·············· 28
Explanation of Wording in this Standard ····················· 31
List of quoted standards ······································ 33
Addition: Explanation of provisions ··························· 35

1 总　则

1.0.1 为改善建筑室内卫生条件和通风舒适性，提高民用建筑的能源利用效率，制定本标准。

1.0.2 本标准适用于民用建筑机械通风效果的测试和评价。

1.0.3 评价建筑机械通风效果应结合建筑所需室内环境的要求和建筑所在地域的气候、资源、自然环境等特点。

1.0.4 民用建筑机械通风效果测试与评价，除应符合本标准的规定外，尚应符合国家或地方现行有关标准的要求。

2 术　语

2.0.1 模型试验　modeling experiment
采用相似性原则，建立实体模型研究建筑机械通风效果的试验。

2.0.2 换气次数　air change rate
每小时送入特定空间的风量与该空间体积之比。

2.0.3 局部换气次数　local air change rate
房间中某一局部区域的换气次数。

2.0.4 最小新风量　minimum outdoor air requirement
为满足人员与工艺要求，单位时间内引入空气调节房间或系统的最低新风量。

2.0.5 示踪气体　tracer gas
在研究空气运动时，能与空气混合且本身不发生任何改变，并能在很低的浓度时就能被测出的气体的总称。

2.0.6 室内空气污染物　air pollutants
本标准特指甲醛、氨、苯、氡、总挥发性有机化合物（TVOC）、可吸入颗粒物及细颗粒物。

2.0.7 可吸入颗粒物（PM_{10}）inhalable particles
环境空气中空气动力学当量直径小于等于 10 μm 的颗粒物。

2.0.8 细颗粒物（$PM_{2.5}$）fine particles
环境空气中空气动力学当量直径小于等于 2.5 μm 的颗粒物。

2.0.9 全热交换设备　total heat exchange equipment
新风和排风之间同时产生显热和潜热交换的设备。

2.0.10 缩尺比 scale ratio

建筑模型尺寸与实际尺寸的比例。

2.0.11 自模区 self-simulation area

当某一相似准则数在一定的数值范围内,流动的相似性与该准则数无关,即原型和模型的该准则数不相等时,流动仍保持相似,该准则数的这一取值范围就称为自动模型区,简称自模区。

3 基本规定

3.1 一般规定

3.1.1 建筑设计阶段宜采用模型试验或数值模拟的方法进行机械通风效果的模拟评价。既有建筑应采用实测的方法对机械通风效果进行评价。体型复杂或条件不允许时，可采用模型试验或数值模拟的方法进行评价。

3.1.2 建筑机械通风效果参数检测所使用的主要仪器仪表应符合表 3.1.2 的规定。

表 3.1.2 主要检测仪器要求

序号	测量项目	检测仪器仪表	单位	仪器仪表要求
1	换气次数	换气次数测试装置	次/h	准确度不大于 5%
2	风量	毕托管＋微压计、风速仪、风量罩	m^3/h	准确度不大于 5%
3	风速	风速仪/毕托管＋微压计	m/s	准确度不大于 3%
4	压力	毕托管＋微压计	Pa	准确度不大于 1%
5	甲醛、氨	玻璃量具	—	不确定度不大于 1%
5	甲醛、氨	大气采样仪	L/min	准确度不大于 2.5%
5	甲醛、氨	分光光度计	mg/m^3	满足现行国家标准《室内空气质量标准》GB/T 18883 中相关检测要求
6	苯、TVOC	大气采样仪	L/min	准确度不大于 2.5%
6	苯、TVOC	气相色谱仪	mg/m^3	满足现行国家标准《室内空气质量标准》GB/T 18883 中相关检测要求
7	氡	测氡仪	Bq/m^3	不确定度不大于 25%

续表 3.1.2

序号	测量项目	检测仪器仪表	单位	仪器仪表要求
8	可吸入颗粒物或细颗粒物（$PM_{2.5}$ 或 PM_{10}）	个体粉尘测试仪	mg/m^3	准确度不大于 5%
9	空气干球温度	温度计：膨胀式、电阻式、热电偶式	°C	最大允许偏差 0.1 °C
10	空气湿球温度	湿球温度计	°C	最大允许偏差 0.1 °C

3.2 效果要求

3.2.1 换气次数（或通风量）应符合下列规定：

1 厨房和卫生间的最小换气次数应符合表 3.2.1-1 的规定。

表 3.2.1-1 厨房和卫生间最小换气次数

房间名称		换气次数
住宅厨房[1]		6 次/h
住宅卫生间		5 次/h
公共厨房[2]	中餐厨房	40~50 次/h
	西餐厨房	30~40 次/h
	职工餐厅厨房	25~35 次/h
公共卫生间		10 次/h
公共浴室（无窗）		10 次/h
宾馆卫生间		按房间新风量计算的换气次数的 80%~90%

注：1 住宅厨房换气次数指采用燃气灶具的地下室、半地下室（液化石油气除外）或地上密闭厨房正常工作时的换气次数，不工作时其换气次数应不小于 3 次/h。

2 本标准指有炉灶的公共厨房。当按吊顶下的房间体积计算风量时，换气次数取上限值；按楼板下的房间体积计算风量时，换气次数取下限值。

2 汽车库的机械排风量应不小于表 3.2.1-2 的规定值。当汽车库设置机械送风系统时，送风量宜为排风量的 80%~85%。

表 3.2.1-2 汽车库机械排风的换气次数和排风量

车库类型	单层汽车库换气次数	双层或多层汽车库排风量
商业类建筑	6 次/h	每辆 500 m³/h
住宅类建筑	4 次/h	每辆 300 m³/h
商业及住宅类除外的民用建筑	5 次/h	每辆 400 m³/h

3 事故通风的换气次数应根据放散物的种类、安全及卫生浓度要求，按全面排风计算确定，且不应小于 12 次/h。

3.2.2 新风量应符合下列规定：

1 住宅建筑和医院建筑所需最小新风量应按换气次数法计算和评价。住宅建筑的最小换气次数应符合表 3.2.2-1 的规定，医院建筑的最小换气次数应符合表 3.2.2-2 的规定。

表 3.2.2-1 住宅建筑最小换气次数

人均居住面积 F_P	换气次数
$F_P \leqslant 10 \ m^2$	0.70 次/h
$10 \ m^2 < F_P \leqslant 20 \ m^2$	0.60 次/h
$20 \ m^2 < F_P \leqslant 50 \ m^2$	0.50 次/h
$F_P > 50 \ m^2$	0.45 次/h

表 3.2.2-2 医院建筑最小换气次数

功能房间	换气次数
门诊室	2 次/h
急诊室	2 次/h
配药室	5 次/h
放射室	2 次/h
病房	2 次/h

2 非高密度人群公共建筑主要房间每人所需最小新风量应符合现行国家标准《民用建筑供暖通风与空气调节设计规范》GB 50736 的规定。

3 高密度人群公共建筑每人所需最小新风量应按照人员密度计算，且应符合表 3.2.2-3 的规定。

表 3.2.2-3 高密度人群公共建筑每人所需最小新风量[m^3/(h·人)]

建筑类型	人员密度 P_F（人/m^2）		
	$P_F \leq 0.4$	$0.4 < P_F \leq 1.0$	$P_F > 1.0$
影剧院、音乐厅、大会厅、多功能厅、会议室	14	12	11
商场、超市	19	16	15
博物馆、展览厅	19	16	15
公共交通等候室	19	16	15
歌厅	23	20	19
酒吧、咖啡厅、宴会厅、餐厅	30	25	23
游戏厅、保龄球房	30	25	23
体育馆	19	16	15

续表 3.2.2-3

建筑类型	人员密度 P_F（人/m^2）		
	$P_F \leq 0.4$	$0.4 < P_F \leq 1.0$	$P_F > 1.0$
健身馆	40	38	37
教室	28	24	22
图书馆	20	17	16
幼儿园	30	25	23

注：* 指人员等候时间一般在半小时以上的火车站、长途汽车站等的等候室，不包括人员等候时间较短的公共交通等候室，如地铁站等。

3.2.3 建筑中人员主要停留房间的气流组织应符合下列规定：

  1 人员活动区气流组织应分布均匀，避免漩涡。

  2 住宅内通风应从主要房间如客厅、卧室和书房流向功能性房间如厨房和卫生间等。

  3 公共建筑应根据不同功能区域合理组织气流，保证人员活动区处在空气较新鲜的位置。

  4 室内污染的空气应能及时排出。

3.2.4 机械通风时，夏季空调室内人员活动区空气流速应不大于 0.3 m/s，冬季空调室内人员活动区空气流速应不大于 0.2 m/s。

3.2.5 室内空气污染物浓度应符合下列规定：

  1 建筑中人员主要停留房间的室内空气污染物浓度（$PM_{2.5}$ 除外）应符合国家现行标准《室内空气质量标准》GB/T 18883 的规定。

  2 室内空气中细颗粒物 $PM_{2.5}$ 的日平均浓度宜小于 75 $\mu g/m^3$。

3.2.6 节能性应符合下列要求：

1 普通机械通风系统中风机单位风量耗功率应不大于 0.32 W/(m³/h)。严寒地区增设预热盘管时，单位风量耗功率可增加 0.035 W/(m³/h)。

2 配合房间空气调节器使用的全热交换设备，应符合以下规定：

1）全热交换设备应满足现行国家标准《空气-空气能量回收装置》GB/T 21087 的规定。

2）全热交换设备应配合空调系统使用，并实时监测新风状态，设定合理启停方案。

3）全热交换设备应根据新风量设计值选择运行挡位，排风量不应大于新风量。应在表 3.2.6-1 规定的范围内进行设备能效比的测量，并按照本标准第 4.7.5 条所述方法对测得的设备能效比进行修正，根据房间空气调节器类型，修正后的能效比应大于表 3.2.6-2 中相应能效比下限值。

4）全热交换设备前后宜设旁通管道或全热交换设备自带旁通功能，用于热回收设备关闭且房间内仍需新风时使用。

表 3.2.6-1 设备能效比测试工况范围

测试位置	温度 t（°C）	相对湿度 RH（%）
室外侧	$29 \leqslant t < 30$	70 ~ 90
	$30 \leqslant t \leqslant 35$	50 ~ 90
室内侧	26	50

表 3.2.6-2 设备能效比下限值

空气调节器类型	空气调节器额定制冷量（CC）	空气调节器的能效等级		
		1	2	3
整体式		3.30	3.10	2.90
分体式	$CC \leqslant 4\ 500$ W	3.60	3.40	3.20
	$4\ 500$ W $< CC \leqslant 7100$ W	3.50	3.30	3.10
	$7\ 100$ W $< CC \leqslant 14\ 000$ W	3.40	3.20	3.00

3.2.7 室内人员对机械通风效果的主观感受宜通过问卷调查获得。

4 实测评价

4.1 评价内容

4.1.1 机械通风效果实测评价内容应按表4.1.1执行。

表4.1.1 实测评价指标

评价指标	获取参数	方法
换气次数	室内局部和整体换气次数	4.2
新风量	室内新风量	4.3
气流组织	室内通风气流组织的流迹显示	4.4
室内空气流速	室内空气流速	4.5
室内空气污染物浓度	甲醛、氨、苯、氡、总挥发性有机化合物（TVOC）、$PM_{2.5}$、PM_{10}	4.6
节能性	新风与排风进出口空气干球温度和湿球温度、风机功率	4.7
主观感受	人员对所在建筑机械通风效果的感受	4.8

4.1.2 当全部评价指标均满足本标准第3.2节的规定时，则判定该建筑机械通风效果合格。

4.2 换气次数

4.2.1 室内换气次数检测宜采用示踪气体衰减法，示踪气体宜选择CO_2。

4.2.2 布置测点时应根据被测空间尺寸和结构，在垂直方向上将被测空间划分成三层或以上，在 1.2 m ~ 1.5 m 的空间应至少设置一个测试层。在同一测试层上，应按照梅花状（5 点）布点测试。水平方向上靠近人员活动区应布置测点。

4.2.3 换气次数测试装置应能在检测现场连续测定示踪气体浓度并直接进行数据的记录及处理。

4.2.4 换气次数的检测应按照下列步骤进行：

　　1 设定通风设备开启方案。应按照测试要求设计必要的通风设备开启方案。

　　2 布置测点。应按照本标准第 4.2.2 条规定的测点布置方法布置测点。

　　3 本底浓度测试。在充入示踪气体前，应在被测空间稳定 2 h ~ 3 h 后测试 CO_2 的本底浓度。

　　4 密闭被测空间。应将示踪气体管道接入被测空间，并放置摇摆扇，然后关闭门窗。摇摆扇应能在室外操控其启闭。

　　5 示踪气体释放。开启摇摆扇，通过示踪气体管道向被测空间持续释放 CO_2，若被测空间较大或结构较复杂，宜采用多点释放。释放示踪气体的同时通过换气次数测试仪读取各测点 CO_2 浓度值。当各测点的 CO_2 浓度值均达到 4 000 mg/m^3 ~ 6 000 mg/m^3 时，应停止释放 CO_2，并将换气次数测试装置转换至换气次数测试模式。

　　6 换气次数测试。设置 CO_2 浓度采集周期和时长，采集周期宜为 1 min ~ 5 min，采集时长应不少于 30 min。按照设定工况，开始测试。

4.2.5 房间整体换气次数应按下式计算：

$$A = \sum_{i=1}^{n} A_i n \qquad (4.2.5)$$

式中　A——整体换气次数，次/h；

　　　A_i——第 i 个测点的局部换气次数，次/h；

　　　n——测点个数。

4.2.6 当房间整体换气次数满足本标准第 3.2.1 条所规定的要求时，则判定该房间换气次数指标合格。

4.3　室内新风量

4.3.1 未设置集中新风系统的房间，室内新风量的检测宜按照下列步骤进行：

　　1 按照本标准第 4.2 节的方法检测得到室内换气次数 A。

　　2 测量并计算出被测建筑的室内容积 V。

　　3 室内新风量应按下式计算：

$$Q = V \times A \qquad (4.3.1)$$

式中　Q——室内的新风量，m^3/h。

4.3.2 设置集中新风系统的房间，室内新风量宜采用风量罩法或通过测量风管风速计算风量的方法得到。

4.3.3 采用风量罩法检测室内新风量应符合下列规定：

　　1 应根据待测风口尺寸、面积，选择与风口的面积较接近的风量罩罩体。罩口的长边长度不应超过风口的长边长度的 3 倍，罩口面积应不大于风口面积的 6.5 倍。

　　2 新风量检测应按下列步骤进行：

　　　　1）选择合适的罩体。

2）调整仪表的设定至满足测量要求。

　　3）放置风量罩，风口宜位于罩口中间的位置，保证无漏风。

　　4）观察仪表示值，待示值趋于稳定后读取风量值。

　　5）应根据读取的风量值，考虑是否需要进行背压补偿。当风量值小于或等于1500 m^3/h时，无需进行背压补偿，所读风量值即为被测风口风量值；当风量值大于1500 m^3/h时，应使用背压补偿挡板进行背压补偿，所读风量值为背压补偿后的风口风量值。

4.3.4 采用测量风管风速法检测室内新风量应符合下列规定：

　　1 测量截面应选择在气流较均匀的直管段，并距上游有局部阻力的管件5倍管径（或矩形风管长边边长）以上，距下游有局部阻力的管件2倍管径（或矩形风管长边边长）以上的位置（如图4.3.4所示）。

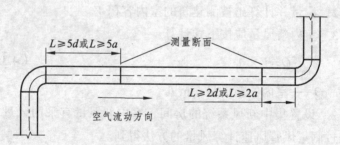

图 4.3.4　测量截面的选择

d—圆形风管直径；a—矩形风管长边边长

　　2 测点布置应符合下列规定：

　　1）当为矩形风管时，应将风管截面分成适当数量的等面积区域，各区域中心即为测点。各区域尽可能接近正方形且面积不得大于0.05 m^2。

2）当为圆形风管时，应将风管截面分成适当数量的等面积同心环，测点选在各环面圆形中心线与垂直的两条直径的四个交点上。环数及测点布置应符合表 4.3.4 的要求。

表 4.3.4 圆环个数及测点位置要求

风管直径（mm）	$d<200$	$200 \leqslant d<400$	$400<d \leqslant 700$	$d>700$
圆环个数(个)	3	4	5	6
测点所在圆的半径（R 为风管半径）	0.409R	0.354R	0.316R	0.289R
	0.707R	0.612R	0.548R	0.500R
	0.913R	0.791R	0.707R	0.646R
	—	0.935R	0.837R	0.763R
	—	—	0.949R	0.866R
	—	—	—	0.957R

3 测试仪器宜采用毕托管和微压计。当动压小于 10 Pa 时，宜采用热电风速仪或数字式风速仪。

4 检测步骤应符合下列规定：

1）选择测量截面。

2）测定风管检测截面面积。

3）布置测点。

4）调整仪表。应根据仪表的操作规程，调整仪表到测量状态。

5）测量。测量应逐点进行，每点宜进行 2 次以上。当采用毕托管测量时，毕托管的直管应垂直于管壁，测头应正对气流方向且与风管的轴线平行，测量过程中，应保证毕托管与微压计的连接软管通畅且无漏气。

5 数据处理应符合下列规定：

1）采用毕托管测量时，新风量应按下列方法计算：

a）计算平均动压。宜取各测点动压值的算术平均值作为平均动压。当各测点动压值相差较大时，平均动压应按下式计算：

$$\overline{P_v} = \left(\frac{\sqrt{P_{v1}} + \sqrt{P_{v2}} + \cdots + \sqrt{P_{vn}}}{n} \right)^2 \quad (4.3.4\text{-}1)$$

式中 $\overline{P_v}$——平均动压，Pa；

P_{v1}，P_{v2}，…，P_{vn}——各测点的动压，Pa。

b）截面平均流速应按下式计算：

$$\overline{v} = \sqrt{\frac{2\overline{P_v}}{\rho}} \quad (4.3.4\text{-}2)$$

式中 $\overline{v}$——截面平均流速，m/s；

ρ——空气密度，kg/m³。

c）新风量应按下式计算：

$$Q = 3600\overline{v}F \quad (4.3.4\text{-}3)$$

式中 Q——新风量，m³/h；

F——风管截面面积，m²。

2）采用热电风速仪或数字式风速仪测量风量时，新风量的计算方法与毕托管测量风量的计算方法相同。截面平均风速应为各测点风速测量值的平均值。

4.3.5 当房间新风量满足本标准第 3.2.2 条的要求时，则判定该房间新风量指标合格。

4.4 气流组织

4.4.1 室内气流组织宜通过流迹显示试验进行检测。

4.4.2 流迹显示试验宜采用烟雾发生装置。烟气应不易燃、无毒、无刺激、无污染且不与空气和水发生化学反应,密度应接近空气密度。

4.4.3 室内气流组织检测应按下列步骤进行:

    1 按照仪器的使用方法,启动烟雾发生装置。

    2 从上风口向被测空间注入烟气。

    3 追踪并拍摄烟气的运动过程。拍摄时间应视房间气流流动情况确定。

4.4.4 根据拍摄结果定性判断气流组织是否满足本标准第 3.2.3 条的要求,满足则判定为合格。

4.5 室内空气流速

4.5.1 室内空气流速宜采用风速自动记录仪进行检测。

4.5.2 测点布置应符合本标准第4.2.2条的规定。有特殊工艺要求的区域,测点数量应加密。

4.5.3 室内空气流速的检测应按下列步骤进行:

    1 调整仪器。测试前应对所有测点的风速自动记录仪校对时间,并设置自动记录的时间和测试的时间间隔,且测试的时间间隔不宜大于 30 s。

    2 按设定工况下的通风方案开启通风设备。待稳定后人员应离开被测试空间。

    3 测试。风速自动记录仪应按照预先设定进行测量和存储。

测量持续时间应不少于 1 h。

4.5.4 在空间和时间范围内的室内风速分布图应依据风速自动记录仪采集的数据得出。

4.5.5 当人员活动区内各测点 1 h 的平均风速均满足本标准第 3.2.4 条的要求时，则判定该房间室内空气流速合格。

4.6 室内空气污染物浓度

4.6.1 除 $PM_{2.5}$ 和氡外，室内空气污染物浓度检测应按照现行国家标准《室内空气质量标准》GB/T 18883 的规定进行。

4.6.2 细颗粒物 $PM_{2.5}$ 的浓度测试应按下列步骤进行：

  1 开启光散射式粉尘测试仪，等仪器稳定后，开始采样。

  2 将光散射粉尘测定仪和滤纸（膜）颗粒物采样器置于现场同一测点和同一高度，平行采样。两者吸气口的中心距离应小于 10 cm。

  3 质量浓度转换系数应按下式计算：

$$K = C/(R - B) \quad (4.6.2)$$

式中 K——质量浓度转换系数，$mg/(m^3 \cdot CPM)$；

   C——通过滤纸（膜）采样承重法测得的质量浓度值，mg/m^3；

   R——光散射式粉尘测定仪的测量值，CPM；

   B——光散射式粉尘测定仪的基底值，CPM。

  4 同一房间内各检测点逐点进行测量。测试时间应根据 $PM_{2.5}$ 浓度、仪器灵敏度和仪器测定范围确定。

4.6.3 房间内细颗粒物 $PM_{2.5}$ 的浓度平均值应按下式计算：

$$C = \frac{1}{n}\sum_{i=1}^{n} C_i \qquad (4.6.3)$$

式中 C——房间 $PM_{2.5}$ 平均浓度，mg/m^3；

n——房间的测点数；

C_i——房间第 i 点的 $PM_{2.5}$ 浓度，mg/m^3。

4.6.4 室内空气中氡浓度的检测应符合下列规定：

1 氡浓度检测应符合现行国家标准《民用建筑工程室内环境污染控制规范》GB 50325 或《室内空气质量标准》GB/T 18883 中的有关规定。

2 测点布置应按照现行国家标准《室内空气质量标准》GB/T 18883 中的相关规定执行，低楼层和地下室的采样点数应增加。

3 检测应按下列步骤进行：

　　1）采样前准备。

　　2）开启仪器，设定测试模式、单位等参数，开始测试。

　　3）同一房间内各测点应逐点进行测量。根据仪器的测试原理、灵敏度等，合理选择测试时间。

4 同一房间内氡浓度为各测点所测浓度的算数平均值。

4.6.5 当室内空气污染物浓度满足本标准第 3.2.5 条的要求时，则判定该房间室内空气污染物浓度指标合格。

4.7 节能性

4.7.1 风机单位通风量耗功率测试应按国家现行标准《公共建筑节能检测标准》JGJ/T 177 中相关规定执行。

4.7.2 节能性评价应在全热交换设备及其相关设备均安装完成后，并在设计风量下按照表 3.2.6-1 中规定的工况进行。

4.7.3 测试仪器与测点布置应符合下列规定：

　　1 测试仪器应满足表 3.1.1 的要求。

　　2 测点应靠近新风与排风的进、出风口中心，但不能对系统运行有较大影响。

4.7.4 测试应按下列步骤进行：

　　1 选择测点。应按本标准第 4.7.3 条的规定选择测点。

　　2 调整仪表。应按仪表使用说明调整仪表至测试状态。

　　3 测试。

　　　1) 被测设备在要求的工况下连续稳定运行 30 min 以上才能进行测量。

　　　2) 按照第 4.3 条中规定的方法测量设备新风量。

　　　3) 稳定后连续测量 30 min，按相等时间间隔记录各风口空气的干球温度和湿球温度，至少记录 4 次，并取 4 次的平均值作为测试结果。

　　　4) 按照第 1) ~ 第 3) 条，进行 3 次测量。3 次测量的新风进风口温度和相对湿度的差值应分别满足：最小温差应大于 2 ℃，最小相对湿度差应大于 15%。

4.7.5 数据处理应按下列步骤进行：

　　1 能效比计算。根据新风与排风的进出口干球温度、湿球温度，查焓湿图得到对应焓值，并根据式(4.7.5-1)计算全热交换设备能效比 $RECOP$。

$$RECOP = \frac{Q \cdot \rho \cdot \Delta i}{3.6P} \quad (4.7.5\text{-}1)$$

式中　$RECOP$——实测设备能效比；

　　　Q——新风量，m^3/h；

ρ——新风密度，kg/m³；

Δi——新风进、出口焓差，kJ/kg；

P——风机功率，W。

2 能效比修正。根据设备能效比测试时新风进风口处空气的干球温度和相对湿度，并根据式（4.7.5-2）求出 A、B，再根据式（4.7.5-3）对设备能效比进行修正。

$$\left.\begin{array}{l}RECOP_1 - RECOP_2 = A(t_1 - t_2) + 10B(RH_1 - RH_2) \\ RECOP_1 - RECOP_3 = A(t_1 - t_3) + 10B(RH_1 - RH_3)\end{array}\right\} \quad (4.7.5\text{-}2)$$

式中 $RECOP_1$、$RECOP_2$、$RECOP_3$——3 次测量的设备能效比；

t_1，t_2，t_3——3 次测量的室外侧空气干球温度，℃；

RH_1，RH_2，RH_3——3 次测量的室外侧空气相对湿度，%；

A——因新风进风温度不同引起的设备能效比修正值；

B——因新风进风相对湿度不同引起的设备能效比修正值。

$$RECOP_{am} = RECOP - A \times (t - 30) - 10B \times (RH - 60\%) \quad (4.7.5\text{-}3)$$

式中 $RECOP_{am}$——修正后的设备能效比；

$RECOP$——3 次测量中任意一次测得的设备能效比；

t——设备能效比测试时的室外侧空气干球温度，℃；

RH——设备能效比测试时的室外侧空气相对湿度，%。

4.7.6 风机单位风量耗功率和设备能效比符合本标准第 3.2.6 条要求时，则评定该通风设备节能性合格。

4.8 主观感受

4.8.1 主观感受宜采用问卷调查的方式获得。

4.8.2 问卷调查的对象应为长期使用被评价的机械通风系统的人员。

4.8.3 问卷调查的内容宜包括下列内容：

  1 被调查人员年龄、性别。

  2 被调查建筑机械通风系统形式。

  3 被调查建筑朝向、所在楼层。

  4 被调查人员对机械通风系统的主观感受和看法，如热湿感觉和空气质量等。

4.8.4 问卷调查结果仅作为参考性指标。问卷调查范例见附录A。

5 模拟评价

5.1 评价内容

5.1.1 模拟评价内容宜包括换气次数、新风量、气流组织、室内空气流速。

5.1.2 模拟评价方法应按表5.1.2执行。

表 5.1.2 模型试验或数值模拟预测评价指标

评价指标	获取参数	方法
换气次数	室内局部和整体换气次数	模型试验或数值模拟
新风量	室内新风量	模型试验或数值模拟
气流组织	室内通风气流组织的流迹显示	模型试验或数值模拟
室内空气流速	室内人员活动区空气流速	模型试验或数值模拟

5.1.3 将模型试验或数值模拟得出的结果与本标准第3.2节中的要求进行比较，当全部评价指标都满足时，则判定该建筑机械通风效果合格。

5.2 模型试验

5.2.1 模型试验应符合下列规定：

1 模型试验中，应根据相似性原则建立建筑模型，建筑模型应为适宜缩尺比的非封闭结构。

2 模型试验的边界条件应按实际或设计参数根据相似性换

算结果进行设置。

  3 模型试验具体测试方法应按照本标准第 4 章的规定进行。

5.2.2 模型试验应按下列步骤进行：

  1 根据相似性原则建立建筑模型。等温射流且不考虑传热时，应保证模型与建筑原型的雷诺数 Re 相等。当建筑原型的气流流动在 Re 自模区时，只需保证模型的 Re 也在自模区，无需要求两者的 Re 相等。非等温射流与考虑传热的等温射流时，应保证模型与原型的阿基米德数 Ar 相等。

  2 设置模型边界条件与内部热源条件。

  3 测点布置。

  4 模型测试。

5.2.3 应根据相似性原理将模型试验的结果换算到实际值。

5.3 数值模拟

5.3.1 数值模拟应符合下列规定：

  1 用于数值模拟的软件宜为经有关部门评定认可的软件。

  2 数值模拟建模应基于既有建筑的实际情况和新建建筑的设计图。

  3 数值模拟包括室外和室内两部分。室外通风模拟得到的结果宜作为室内通风模拟的边界条件。

  4 通风口的风速、风压等参数宜通过测试获得。

  5 模拟过程中应控制残差的收敛性。能量方程的收敛残差宜小于 1×10^{-6}，流动方程的收敛残差宜小于 1×10^{-3}。

5.3.2 几何建模应符合下列规定：

  1 室内建模时，应根据工程实际确定模型计算区域形状、大小和空间的相对位置以及空间内各物品的相对位置；室内热源、污染源的模型应根据实际源项散发形式和结构选择点源、面源或体源。

2 室外建模时，模型中建筑迎风面积宜不大于模型迎风面积的5%，建筑到计算区域上边界距离宜大于2倍建筑高度，到出口距离宜大于6倍回流区长度，到进口距离宜为到出口距离的2/3。

5.3.3 边界条件的设置应符合下列规定：

1 对于只采用送风风机通风的空间，进风口宜采用速度入口边界，出风口宜采用出口通风边界。入口处宜给出空气的平均速度、温度、湍流强度等参数。出口处阻力系数宜根据出风口的几何参数通过实验确定。

2 对于只采用排风风机通风的空间，进风口宜采用进口通风边界，出口宜采用速度出口边界。进口阻力系数宜根据进风口的几何参数通过实验确定。出口处宜给出空气的平均速度、温度等参数。速度、温度可通过现场实测或新建建筑的设计来确定。对于排风扇排风，边界条件设置中有排气扇边界项时，推荐选择排气扇边界，出口压升应通过实验确定；若无排气扇边界，宜选择压力出口边界。

3 对于同时采用送风风机和排风风机通风的空间，进风口、出风口宜分别采用速度进口边界和速度出口边界。进、出口边界速度宜通过实测确定。

4 室外环境风场入口宜采用速度入口边界，入口处宜给出空气的平均速度、温度、湍流强度等参数，各参数可按附录B确定。出风口推荐采用出口通风边界。

5 壁面边界应根据实际情况定义温度、热流、对流换热系数以及辐射等参数。近壁区推荐采用壁面函数法进行处理。若采用周期性边界，应保证模型的几何边界、流动、传热和传质是周期性重复的。若采用对称面简化计算区域，应保证物理和几何条件对称。

5.3.4 网格划分应符合下列规定：

  1 宜根据真实的流动情况选取不同的网格类型。

  2 应根据计算对象的模型尺寸大小选取相应的网格间距。

  3 应采用均匀网格和不均匀网格相结合的方法对计算对象进行网格划分。在温度、速度和浓度等梯度较大的地方应加大网格数，在梯度较小的地方，可采用较少的网格数。

  4 网格划分时，应使网格分布形式接近流场形式。

  5 模拟前应进行网格质量的判定，由一个网格单元到另一个网格单元的尺寸扩大比应在 1~2 之间。

  6 模拟应进行网格无关性验证。

5.3.5 模型计算应符合下列规定：

  1 空气物性参数设置中，密度项宜选择 Boussinesq 假设，热膨胀系数宜通过实验测得。

  2 空气流动模拟宜采用 RNG k-ε 模型，对于大空间机械通风也可采用室内零方程模型。

  3 控制方程离散格式宜采用有限体积法中的 QUICK 或二阶迎风格式。

5.3.6 数值模拟提交的文件应符合下列规定：

  1 输入文件应包括计算模型、计算域的网格说明、边界条件设置说明、湍流模型、差分格式和算法说明。

  2 输出文件宜包括换气次数、室内空气流速、气流组织等相关物理量的计算结果、图表和评价结果。

附录A 调查问卷范例

表A 调查问卷范例

四川省民用建筑机械通风效果评价相关调查问卷

您办公或居住的房间所在楼层：_____
您办公或居住的房间阳台朝向：_____
性别：_____ 年龄：_____
1. 您感觉舒适的吹风感？（   ）
  a. 明显吹风感   b. 微吹风感   c. 无吹风感
2. 您优先选择的通风方式？（   ）
  a. 开窗通风   b. 机械通风   c. 开窗通风+机械通风
3. 若您开启机械通风系统时，您会优先采用哪个档位的风速？（   ）
  a. 高速   b. 低速
4. 在开启机械通风系统之后，您觉得房间的热感觉？（   ）
  a. 更热   b. 无差别   c. 降温效果明显
5. 卫生间内是否装有排气扇？（   ）
  a. 是   b. 否

有排气扇
  5.1 若卫生间有排气扇，您会优先选择机械通风系统排风还是排气扇排风？（   ）
  a. 机械通风系统排风   b. 排气扇排风
  5.2 您优先选择机械通风系统排风或排气扇排风的原因？（   ）（可多选）
  a. 换气效果好   b. 噪声小   c. 节能   d. 其他

无排气扇
  5.3 机械通风系统排风是否可以迅速地排除卫生间的异味或水汽？（   ）
  a. 是   b. 否   c. 无法判断

附录B 室外空气主要计算参数

表B 室外空气主要计算参数

数据类型	市/区/自治州							
	成都	绵阳	泸州	广元	遂宁	内江	乐山	资阳
冬季通风室外计算温度（°C）	5.6	5.3	7.7	5.2	6.5	7.2	7.1	6.6
夏季通风室外计算温度（°C）	28.5	29.2	30.5	29.5	31.1	30.4	29.2	30.2
夏季通风室外计算相对度（%）	73.0	70.0	86.0	64.0	63.0	66.0	71.0	65.0
年最多风向	C NE	C E	C NNW	C N	C NNE	C N	C NNE	C ENE
年最多风向频率(%)	43 11	49 6	24 9	41 8	65 7	25 12	38 10	50 6
夏季室外平均风速（m/s）	1.2	1.1	1.7	1.2	0.8	1.8	1.4	1.3
夏季最多风向	C NNE	C ENE	C WSW	C SE	C NNE	C N	C NNE	C S
夏季最多风向频率（%）	41 8	46 5	20 10	42 8	58 7	25 11	34 9	41 7
夏季室外最多风向的平均风速（m/s）	2.0	2.5	1.9	1.6	2.0	2.7	2.2	2.1
冬季室外平均风速（m/s）	0.9	0.9	1.2	1.3	0.4	1.4	1.0	0.8
冬季最多风向	C NE	C E	C NNW	C N	C NNE	C NNE	C NNE	C ENE
冬季最多风向频率（%）	50 13	57 7	30 9	44 10	75 5	30 13	45 11	58 7
冬季室外最多风向的平均风速（m/s）	1.9	2.7	2.0	2.8	1.9	2.1	1.9	1.3

续表 B

数据类型	市/区/自治州							
	宜宾	南充	达州	雅安	巴中	阿坝州	甘孜州	凉山州
冬季通风室外计算温度（°C）	7.8	6.4	6.2	6.3	5.8	-0.6	-2.2	9.6
夏季通风室外计算温度（°C）	30.2	31.3	31.8	28.6	31.2	22.4	19.5	26.3
夏季通风室外计算相对度（%）	67.0	61.0	59.0	70.0	59.0	53.0	64.0	63.0
年最多风向	C NW	C NNE	C ENE	C E	C SW	C NW	C ESE	C NNE
年最多风向频率（%）	59 5	48 10	37 27	40 11	60 4	60 10	28 22	37 10
夏季室外平均风速（m/s）	0.9	1.1	1.4	1.8	0.9	1.1	2.9	1.2
夏季最多风向	C NW	C NNE	C ENE	C WSW	C SW	C NW	C SE	C NNE
夏季最多风向频率（%）	55 6	43 9	31 27	29 15	52 5	61 9	30 21	41 9
夏季室外最多风向的平均风速（m/s）	2.4	2.1	2.4	2.9	1.9	3.1	5.5	2.2
冬季室外平均风速（m/s）	0.6	0.8	1.0	1.1	0.6	1.0	3.1	1.7
冬季最多风向	C ENE	C NNE	C ENE	C E	C E	C NW	C ESE	C NNE
冬季最多风向频率（%）	68 6	56 10	45 25	50 13	68 4	62 10	31 26	35 10
冬季室外最多风向的平均风速（m/s）	1.6	1.7	1.9	2.1	1.7	3.3	5.6	2.5

注：风向中 C 是指静风，是因风速大小低于测试仪器测量下限。

本标准用词说明

1 为便于在执行本标准条文时区别对待,对要求严格程度不同的用词说明如下:

  1)表示很严格,非这样做不可的:

    正面词采用"必须",反面词采用"严禁";

  2)表示严格,在正常情况下均应这样做的:

    正面词采用"应",反面词采用"不应"或"不得";

  3)表示允许稍有选择,在条件许可时首先应这样做的:

    正面词采用"宜",反面词采用"不宜";

  4)表示有选择,在一定条件下可以这样做的,采用"可"。

2 条文中指明按其他有关标准执行的写法为:"应符合……的规定"或"应符合……要求"。

引用标准名录

1 《民用建筑隔声设计规范》GB 50118
2 《采暖通风与空气调节术语标准》GB 50155
3 《公共建筑节能设计标准》GB 50189
4 《民用建筑工程室内环境污染控制规范》GB 50325
5 《民用建筑供暖通风与空气调节设计规范》GB 50736
6 《声环境质量标准》GB 3096
7 《房间空气调节器能效限定值及能效等级》GB 12021.3
8 《民用建筑室内热湿环境评价标准》GB/T 50785
9 《电声学 声级计 第 1 部分：规范》GB/T 3785.1
10 《室内空气质量标准》GB/T 18883
11 《空气-空气能量回收装置》GB/T 21087
12 《公共建筑节能检测标准》JGJ/T 177
13 《建筑通风效果测试与评价标准》JGJ/T 309

四川省工程建设地方标准

民用建筑机械通风效果测试与评价标准

DBJ51/T 043-2015

条 文 说 明

目　次

1 总　则 …………………………………………………………… 39
2 术　语 …………………………………………………………… 40
3 基本规定 ………………………………………………………… 41
　3.1 一般规定 …………………………………………………… 41
　3.2 效果要求 …………………………………………………… 41
4 实测评价 ………………………………………………………… 45
　4.1 评价内容 …………………………………………………… 45
　4.2 换气次数 …………………………………………………… 45
　4.3 室内新风量 ………………………………………………… 46
　4.4 气流组织 …………………………………………………… 47
　4.5 室内空气流速 ……………………………………………… 47
　4.6 室内空气污染物浓度 ……………………………………… 48
　4.7 节能性 ……………………………………………………… 48
　4.8 主观感受 …………………………………………………… 48
5 模拟评价 ………………………………………………………… 49
　5.1 评价内容 …………………………………………………… 49
　5.2 模型试验 …………………………………………………… 49
　5.3 数值模拟 …………………………………………………… 50

1 总　则

1.0.1　建筑机械通风的主要目的是稀释或排除室内空气污染物，提供室内人员呼吸所需的新鲜空气以及改善室内温度、湿度和气流速度，为室内提供舒适的环境。同时，建筑机械通风对建筑的性能和能源使用有较大的影响，因此有必要制定本标准。

1.0.2　本标准适用于民用建筑机械通风的测试与评价，包括住宅建筑与公共建筑，并涵盖既有建筑和新建建筑。既有建筑是指已建成的建筑，新建建筑是指已做完设计但还未开始建设的建筑。新建建筑应在设计方案的基础上进行模拟评价，并指导设计完善，以实现更好的通风和节能效果。

1.0.3　机械通风的方式、时间和效果等与当地的气候条件、生活习惯、经济、文化等有一定关联，如对于室外空气污染较小的地区，可降低空气过滤装置规模以降低通风能耗。因此需要因地制宜的进行设计和评价。

2 术 语

2.0.5 示踪气体测量是指在室内空间有控制地释放一定量的示踪气体,通过测量室内空气中示踪气体浓度随时间的变化,定量分析室内空气流动情况。它主要有三种方法:浓度衰减法、恒定浓度法、恒定释放法。这三种方法中浓度衰减法是最简单、最易操作的一种测量方法,实际中应用最为广泛,本标准测试建议采用浓度衰减法。

2.0.6 甲醛、氨、苯和总挥发性有机化合物(TVOC)是建筑物内常见的污染物,一般情况下是由建筑和装修材料、家具、家电、办公用品等释放的。可吸入颗粒物与细颗粒物大多是通风过程中由室外引入的。

2.0.11 在模型试验中,往往无法同时保证模型与原型的相似准则数都相等,如果能够在流场某一个准则数的自模区内进行试验,就可以排除该准则数对流场的影响,提高模型试验的准确度。

3 基本规定

3.1 一般规定

3.1.1 为提高建筑机械通风系统的效率，降低通风能耗，应在机械通风系统设计阶段进行效果的模拟评价，指导机械通风系统的设计与运行。检测仪器的选择应根据检测量程范围和检测精度的要求进行确定。

3.2 效果要求

3.2.1 住宅建筑的厨房和卫生间污染源较集中且污染物散发量较大，故对其做了最小换气次数的要求。

汽车库通风主要是为了稀释有害物到满足卫生要求的允许浓度。因此，通风量的计算与有害物的散发量及车库当下的有害物浓度有关，与车库的容积（车库换气次数）并无确定的数量关系，但对于单层车库，根据车库容积按换气次数计算通风量基本能够满足稀释有害物的要求。双层及多层车库，以换气次数计算往往不能满足要求，这时需要按稀释浓度法计算。但为方便起见，按中国目前单辆汽车的 CO 尾气排放量水平、汽车在车库内的平均运行时间及车库内 CO 的允许浓度值，换算得到单辆汽车所需要的新风量。

事故通风是保证安全生产和保障人民生命安全的必要措施。事故通风不包括火灾通风。其通风量应保证事故发生时，控制不同种类的放散物浓度低于国家安全及卫生标准所规定的最高容许浓度且换气次数不低于 12 次/h。有特定要求的建筑可不受此限制，允许适当取大。

3.2.2 住宅建筑和医院建筑室内建筑污染部分比重一般要高于人员污染部分，按照现有人员新风量指标所确定的新风量没有考虑建筑污染部分，往往不能保证完全满足室内卫生要求，因此，对于住宅建筑和医院建筑应同时考虑室内建筑污染与人员污染，并以换气次数的形式给出所需最小新风量。

高密度人群公共建筑是指人员污染所需新风量比重高于室内建筑污染所需新风量比重的建筑类型。按照目前我国现有新风量指标，计算得到的高密度人群建筑新风量所形成的新风负荷在空调负荷中的比重一般高达 20%～40%，对于人员密度更高的建筑，新风能耗也更高。对于这类建筑，一方面，人员污染和建筑污染的比例随人员密度的改变而变化；另一方面，高密度人群建筑的人流量变化幅度大，出现高峰人流的持续时间短，受作息、季节、节假日、气候、建筑功能等因素影响明显。因此，高密度人群建筑应根据不同人员密度的情况，同时综合考虑建筑空调能耗和室内人员适应性等因素来确定新风量指标。为反映以上因素对新风量指标的具体要求，该类建筑新风量大小参考《民用建筑供暖通风与空调设计规范》GB 50736 的规定，对不同人员密度条件下的人均最小新风量做出了规定。

3.2.3 气流组织会影响到整个房间的通风有效性。气流组织主要取决于气流分布特性、污染源散发特性以及两者之间的相互关系。为避免受污染的区域扩大，应保证送入室内的空气从较清洁的房间流向污染较严重的房间，因此，对于住宅建筑，送入室内的新鲜空气应首先进入起居室、卧室等人员的主要活动或休息场所，然后再从厨房、卫生间排出到室外。起居室、卧室等也可以安装独立的双向通风换气装置，对室内污浊空气进行稀释和排放。

3.2.5《室内空气质量标准》GB/T 18883 对室内空气污染物浓度作了详细的规定。本标准中，对于通风良好的民用建筑，室内空气污染物浓度应符合其规定。自20世纪80年代后期以来，人们逐渐开始重视大气颗粒物对健康影响的研究。所有的研究结果均确认吸入体内的颗粒物会导致肺炎、气喘、肺功能下降等呼吸系统疾病。小粒径的大气颗粒物（如$PM_{2.5}$）对人体健康的危害被认为超过了大粒径的大气颗粒物。基于对大气颗粒物危害的认识的深入，各个国家相关的标准也越来越严格，如美国环保局所制定的环境空气质量标准对大气颗粒物的控制经历了从 TSP—PM_{10}—$PM_{2.5}$ 的过程。与 TSP 和 PM_{10} 的标准一样，主要由于技术原因，$PM_{2.5}$ 的标准也是基于质量浓度制定的。该标准规定 $PM_{2.5}$ 的日平均浓度和年平均浓度的限值分别为 $65\mu g/m^3$ 和 $15\mu g/m^3$。$75\mu g/m^3$ 为世界卫生组织空气质量准则过渡时期的目标值。本标准将 $PM_{2.5}$ 列为推荐指标，不强制执行。

3.2.6 本条文中普通机械通风系统不包括厨房等需要特定过滤装置的房间的通风系统。本条条文中房间空气调节器指国家标准《房间空气调节器能效限定值及能效等级》GB 12021.3 中的房间空气调节器。

全热交换设备运行时本身要消耗一定能量，并非回收的能量大于消耗的能量时就节能。全热交换设备的能效比是指回收的能量与设备本身消耗的能量的比值，只有在全热交换设备能效比大于配合使用的房间空气调节器的能效比时,才是节能的。由于许多全热交换设备的产品有多个风量挡位,测试时应以满足室内新风量需求为主,因此根据新风量的设计值选择挡位。空调房间的排风量大于新风量时,室内形成负压,一部分室外新风就会通过门缝、窗缝等其他位置进入房间,不利于全热交换设备节能潜力的发挥。不同地区、不同时间的室外侧空气温、湿度不同,因此规定设备能效比测试时室外侧空气温度、相对湿度的范围。室内侧空气温、湿度确定时,全热交换设备能效比会随着室外空气温度与相对湿度的增大而增大,因此需要对实测能效比进行修正。

3.2.7 不同地区,人们的生活习惯不同,对通风效果的主观要求不同,在进行机械通风系统设计时考虑人们的主观要求是有必要的,但主观感受难以量化,因此本条作为推荐性条文。

4 实测评价

4.1 评价内容

4.1.1 既有建筑的换气次数、新风量、气流组织、室内空气流速、室内空气污染物浓度和节能性这些参数均可测，问卷调查针对建筑使用人员进行，这些参数可基本代表建筑通风效果的各个方面，因此用这些参数作为通风效果实测评价的指标。

4.2 换气次数

4.2.2 为得到整个被测空间内的换气次数，需要对被测空间分层测试换气次数。人员活动区对空气的新鲜程度要求较高，应适当增加其附近区域换气次数对整个被测空间换气次数的影响比重，因此其附近区域应增加测点。梅花状布点法是环境监测和检测中常用的布置测点的方法，其他标准中也多次使用。

4.2.4 在住宅建筑室内通风设计标准中，部分空间换气次数小于 0.5 次/h，因此应采用专用的换气次数测试设备以达到足够准确的测量精度。

在示踪气体测量实验中，因示踪气体直接决定气体分析仪的种类及实验中释放气体所需费用，因此示踪气体的选择非常重要。根据示踪气体测量技术的使用场所和特点，对示踪气体物性有以下要求：（1）无毒无腐蚀性，不易燃易爆；（2）不与周围气体和物质发生化学反应,不易凝聚,不溶于水,即具有稳定性;(3)能够方便的被检测出来,且检测方法简单可靠,费用低且具有较高精度,即具有可测性;(4)要求示踪气体密度与空气接近,测量时不会出现示踪气体与空气分层的现象;(5)示踪气体在大气中的背景浓度比较低,对实验数据的干扰小。因此综合考虑选择 CO_2 作为示踪气体。

CO_2 是比较常见的气体,在试验前的准备工作中,可能会影响被测空间 CO_2 的浓度,因此需要等被测空间的 CO_2 浓度稳定后方能测试本底浓度。释放 CO_2 时,为使空间中的 CO_2 浓度更加均匀,需要使用摇摆扇搅拌。为让浓度快速稳定,减少室外因素的影响,释放 CO_2 时需要将门窗关闭。一般情况下,CO_2 的环境本底浓度为 700 mg/m^3 ~ 900 mg/m^3,在采用 CO_2 作为示踪气体的时候,应消除本底浓度对测试的影响,因此需要较大的 CO_2 释放浓度,这里定为 4 000 mg/m^3 ~ 6 000 mg/m^3。浓度衰减法测试换气次数时,CO_2 浓度采集频率越高,换气次数计算值越准确,因此,本标准中规定,测量时 30 min 内至少采集 6 次 CO_2 浓度值,使得换气次数计算更准确。

4.2.5 为了和"局部换气次数"进行有效区分,使用"整体换气次数"代替"换气次数"。

4.3 室内新风量

4.3.1 通过本标准第 4.2 节的方法检测得到室内换气次数,根据换气次数的定义,只需乘以室内空气容积,便可得到室内的新风量。此种方法较为简便。

4.4 气流组织

4.4.1 室内气流组织宜通过流迹显示试验进行检测。

4.4.4 流迹显示气流组织试验,是一种定性判断气流组织质量好坏的方法。这种方法在室外环境风场的模拟和室内环境风场的模拟中都大量的被使用,是一种科学的成熟的定性判断方法。

4.5 室内空气流速

4.5.2 均匀布置风速测点,可以最大限度的消除测点布置不合理带来的测试误差。某些特殊空间,如手术室的手术台周围,对风速场要求很高,因此在布置测点的时候需要做局部加密,但是依旧要遵循均匀布点的原则。风场测试,特别是微风速场测试,测试器具和测试人员本身就是破坏局部风速场的主要因素,因此,在测试的时候应尽量选择小尺寸测试探头及自动记录设备,以消除两者对风速场的影响。

4.5.3 在风速场测试中,对于只有最大风速限定的测试场合或对风向有较低要求时,可采用无指向风速探头。对于不同测点,需要得到同一时间下的风速大小,并且需要连续测量一定时间,这样得到的风速场才能够反映出实际情况。

4.5.4 有很多软件可以对实际测得的风速场的数据进行平面或者三维处理,如 SURFER 8、TECPLOT 等。因此可借助这些软件描绘风速场,使风速场能够更直观的表达出来。

4.6 室内空气污染物浓度

4.6.1 《室内空气质量标准》GB/T 18883 对室内空气污染物浓度的检测（包括 PM_{10} 浓度的检测）做了详细的规定，本标准参照该标准执行。

4.6.4 随着测试手段和仪器的发展，空气中氡浓度的检测也有了较大的发展。本条给出了氡浓度的基本测试方法和步骤。

4.7 节能性

4.7.3 节能性测试中是针对全热交换设备，管道、风口形式等对全热交换设备节能性都有一定的影响。全热交换设备在稳定运行时运行特性是一定的，管道阻力、风量等都为定值，改变任何一个参数对整个系统的运行都会有影响。因此测点应布置在系统的风口，但不能对系统运行有太大影响。

4.8 主观感受

4.8.3 问卷调查的目的是为了得到机械通风系统的使用人员对通风效果的主观评价，因此主观个体的年龄、性别、生活习惯等都有可能影响问卷调查的结果。同时，同一建筑不同朝向、楼层等的室外环境不同，对人的主观看法也有一定影响。因此需把主观个体的基本特征和其所在房间的特征与问卷调查结果的处理相结合，才能得到较合理的评价结果。

5 模拟评价

5.1 评价内容

5.1.1 新建建筑的换气次数、新风量、气流组织、室内空气流速均可根据设计和实施情况进行模拟预测或模型试验得到,并基本上代表了新建建筑通风效果的各个方面,因此,这些参数可作为评价新建建筑通风效果的指标。由于新建建筑还停留于设计和实施阶段,不能准确判断其室内污染物的位置、散发强度等信息,因此对于新建建筑室内空气污染物浓度等不纳入评价指标体系。既有建筑的模拟评价内容应与实测评价内容相同。

5.2 模型试验

5.2.1 模型试验中,模型的缩尺比越大,模型与原型的实际尺寸相差越小,试验精度也越高,但缩尺比越大,模型成本越高,因此应在成本允许的范围内,尽量选择大缩尺比模型。

5.2.2 实际室内机械通风的空气流动形式可分为等温射流和非等温射流。在室内空气温度与送风温度相差不大时,可认为是等温射流,此时只需保证模型与原型的雷诺准则数 Re 相等,便可达到两者空气流动的相似。雷诺数(Re)代表流体惯性力与粘性力的比的无量纲数,可用于判别流体的流动状态。雷诺数表达式为:

$$Re = \frac{vt}{\nu} \qquad (5.2.2)$$

式中 v——流体流速，m/s；

l——流场的特征长度，m；

ν—流体的运动粘度系数，m^2/s。

若室内空气温度与送风温度相差较大时，可认为是非等温射流。此时要达到模型与原型的传热与流动相似，需要保证阿基米德数 Ar 和雷诺数 Re 都相等，但是根据两个准则数的表达式，不可能满足两准则数同时相等。根据建筑室内空气流动的实际情况，雷诺数 Re 的数量级一般在 10^4 以上，可认为 Re 在自模区内，流动基本相似，因此保证模型与原型的阿基米德数 Ar 相等，可基本达到两者在传热与流动上的相似。

5.3 数值模拟

5.3.1 数值模拟是一种很好的预测室内通风效果的办法，在其他一些标准中已被使用，但仅仅是建议使用，具体的操作未提及。各种通用 CFD 软件的数学模型的组成都是以纳维-斯托克斯方程组与各种湍流模型为主体，再加上多相流模型、燃烧与化学反应模型、自由面流模型以及非牛顿流体模型等。大多数附加的模型是在主体方程组上补充一些附加源项、附加输运方程与关系式。目前常用的通用 CFD 软件有：Fluent、CFX、Phoenics、Star-CD。不排除相关项目采用专门开发的专用 CFD 软件。

5.3.3 本条规定了计算模型边界条件的设置方法。

根据实际计算经验，针对机械通风的三种形式以及室外风场模型,分别给出了模型空气进、出口的边界条件推荐设置。

固定壁面主要是指室内的墙壁、天花板、地板、室内物体表面等,其边界条件一般由如下几类:

1) 给出变量ϕ的值,如给定壁面温度等。

2) 给出变量ϕ沿某一方向的导数值$\frac{\partial \phi}{\partial n}$。如已知壁面的热流量,绝热壁面$\frac{\partial \phi}{\partial n}=0$。

3) 给出ϕ和$\frac{\partial \phi}{\partial n}$的关系式。如通过对流换热系数以及周围流体温度而限定壁面的换热量等,对给定壁面温度和对流换热系数的边界条件采用这种处理方法。

实验研究表明,近壁区可以分为三层,最靠近壁面的地方称为粘性底层,流动状态为层流,本层中流体粘性力在流体内部作用力中起决定作用。外区域为完全湍流层,湍流惯性力起决定作用,在完全湍流层和层流底层之间的区域为混合区域,在该区域内流体粘性力与湍流惯性力起着相当的作用。近壁面流体计算模型的处理对数值模拟的结果有着重要的影响。

近壁面流体计算模型的处理常用的方法有两种:第一种是壁面函数法。也就是不求解层流底层和混合区,而是采用半经验公式(壁面函数)将层流底层和混合区的流体参数与完全湍流层联系起来进行求解;第二种是改进湍流模型,如低雷诺数的k-ε模型,求解近壁区的粘性底层和混合区。改进模型对近壁区求解的方法计算量大,而壁面函数是利用实验结果,通过一定的理论分析,得出近壁区各项流体参数的变化规律,可大大节省内存和计算时间,并且有足够的准确度。

对称面是根据实际问题中的对称特性而取的虚拟面,模型求解区域内的各物理量均关于该对称面对称,计算时对称面上没有物理量穿过。模型计算中可借助对称面减小计算区域,节约计算时间。

5.3.4 本条规定了数值模拟试验的步骤和要求。在流场的数值计算中,常通过优化加密网格来获得压力、速度、Y+等的合理值,为保证计算出的这些值的可靠性,一般需要模型做网格无关性验证,即适当增加模型网格数量,然后与增加网格数量前的计算结果进行对比,相差不大时,认为增加网格数量对提高计算精度没有太大影响,此时认为该结果是网格无关的。实际上,根据常规经验,选取15%~25%的网格数量差异进行对比计算,若改变网格数量之前的计算结果与改变网格数量之后的计算结果差值小于2%时,认为网格无关。但根据模型具体状况和仿真结果,需要改善网格密度的程度也可能达到3倍以上。若使用六面体网格,可以在一个方向上加密网格以保证网格无影响。如果使用四面体网格,加密总体单元数也是适用的。如果使用四面体网格,一个可以通过创建尺度接近的六面体网格,以判断网格类型是否对结果有影响。另外,为提高网格精度,模型的网格的尺寸、数量等网格特性参数的变化常常与流体流动的方向保持一致,以保证计算时方程迭代的精度。

5.3.5 Boussinesq假设中,认为流体的密度只与温度有关,忽略压强变化引起的密度变化,密度的值是用热膨胀系数与温度来求解。这与实际机械通风系统的室内空气流动情况相似。采用Boussinesq假设可以在满足计算精度的前提下,减少计算量。

数值计算中,正确的湍流模型的选择,是影响计算速度、准确度的主要因素。湍流模型是以雷诺平均运动方程与脉动运动方程为基础,依靠理论与经验的结合,引进一系列模型假设,而建立起的一组描写湍流平均动量的封闭方程组。限于目前的计算机计算能力,工程中最常用的是涡粘系数模型 EVM(Eddy Viscosity Models)中的 k-ε 两方程模型或其变形形式。RNG k-ε 模型,来源于严格的统计技术,比起标准的 k-ε 模型,RNG k-ε 模型在 ε 方程中多出一项,显著改进快应变流动的计算精度,也考虑了漩流对湍流的影响,提高了漩涡流动的计算精度。同时,RNG 理论提供了一个考虑低雷诺数流动粘性的解析公式,这使得 RNG k-ε 模型比标准 k-ε 模型在更广泛的流动中有更高的可信度和精度。

  有限体积法是大多数商用 CFD 软件采用的对模型的离散方法,又称控制容积积分法,其特点是计算效率高。使用有限体积法建立离散方程时,很重要的一步是将控制容积的界面上的物理量及其导数通过节点物理量插值求出。引入插值方式的目的就是为了建立离散方程,不同的插值方式对应不同的离散方程,因此插值方式常称为离散格式。常用的空间离散格式有:中心差分格式、一阶迎风差分格式、二阶迎风差分格式和 QUICK 格式。QUICK 格式是一种改进离散方程截差的方法。对流项的 QUICK 格式具有三阶精度的截差,但扩散项一般采用二阶截差的中心差分格式,QUICK 格式具有守恒性,这是其优于二阶迎风差分格式的性质。对于对流换热问题,有高阶精度截差离散格式的解具有较高的准确性,也可以有效减少假扩散现象的发生,因此建议采用 QUICK 格式或二阶迎风差分格式。